走进中国民居

江南的园林

张怡 著　梁灵惠 绘

电子工业出版社
Publishing House of Electronics Industry
北京·BEIJING

　　江南园林和西方国家的花园有很大不同。西方园林是整齐和对称的，甚至连花草都要修剪得方方正正；而江南园林看似是没有秩序的，随意的。

　　园林的设计体现了不同的文化。西方园林强调秩序，而中国园林的精髓则在于再现自然，即"虽由人作，宛若天开"。

宋朝时期，物产丰饶的江南地区日渐富裕起来。宋代推行文人治国，崇尚文化，书法、绘画等艺术成就在这一时期达到了巅峰。

　　富有的南方商人在享有城市丰富的物质生活的同时，又希望无须奔波即可获得"山水之乐"，私家园林便因此发展起来。而如何在有限的园子内，展现无限的自然之美呢？

要将自然山水完全搬入园子内是不可能的。那么，是把自然之景缩小之后放入园中，如微缩景观一般吗？并不是。

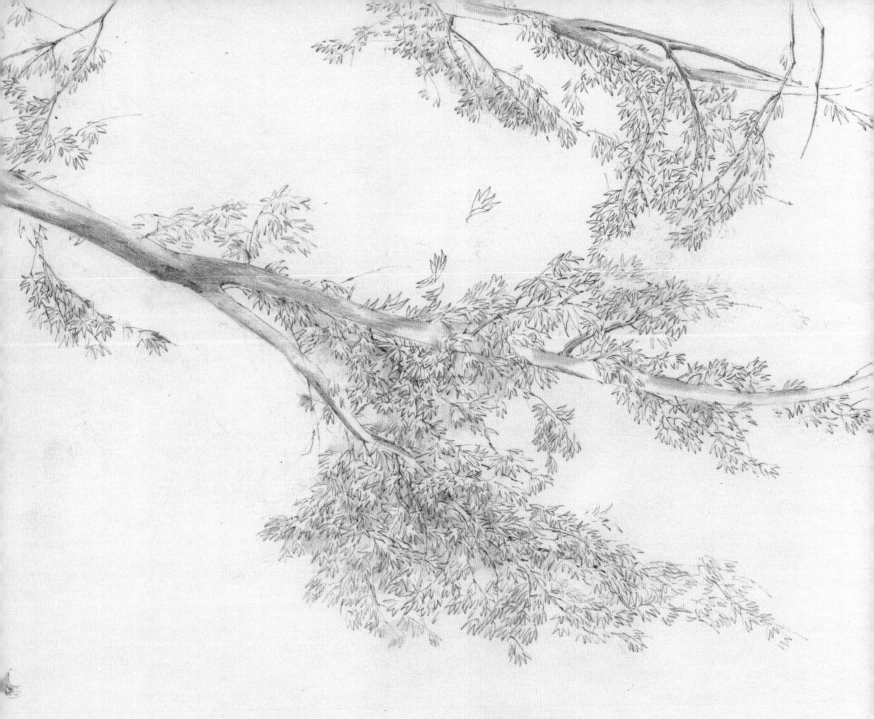

　　江南园林取自然景色的一部分，而非简单地缩小。古人从自然间山的走势、水的脉络、树木的形态中，领悟到在观赏这些景色时，内心所涌起的情感。"外师造化，内发心源"。

　　造园就像绘画，打开画卷，先从整体布局开始。画面有主次之分，也有大小、高低、明暗的变化。园林常是家的一部分，多位于会客用的厅堂或书房的前后。以厅堂为中心，面对厅堂设假山水池、花草树木，这叫作对景。

　　园子的大小不同，划分空间的方法也不同。大园可以划分成不同主题的院落，小园便在假山、花池之间点缀上建筑小品，用庭院小景搭配。这便是布局中"化整为零"的方法，用小径和回廊将这些场景联系起来。

"园外有景在于借，园内有景在于时。"园外面的
景色可以"借"进来，园内的景色虽然看似是固定的，
但其实是跟随时间而变化的。

　　有水便可以投影，园内空间虽然有限，但人的视线可以穿过院墙，到达更远的地方。于是，水池低一些，植被疏松一点儿，园外的高塔、远山便能投影进水池。或将山石高高地堆叠起来，登至高处，越过院墙，看到更远的风景。

　　在有限的园内空间中，雨雪阴晴、云卷云舒、花草树木、鱼戏鸟鸣，四季在自然的韵律间交替。

　　智者乐山，仁者乐水。山与水，是古代文人眼中最重
要的两个自然景物。江南的水资源丰富，多数园林会将水
引入，曲折自然的水池便成为园中主要的景致。

水池大多窄而长，四周景色层层叠叠，搭配水面转折处的小桥，使得空间更加深远。明净的水面广阔疏朗，也与幽静隐蔽的小院和小景形成了疏与密的对比。

　　江南园林虽然位于城市中，但古人期待"山居"的体验，因此叠石造山依旧是建造园林常用的手法。假山既可以将园子划分为不同的区域，又能增加宁静的感觉。假山的大小、形态、石品要和园子协调，轮廓明显，高低起伏，尽可能模仿自然山形。

　　通常，人们会在水池的一面叠山造林，另一面建造
建筑小品。无论是站在山上穿过水池遥望建筑，还是在
建筑内欣赏对岸的山石，都能感到山石和建筑好像在遥
相呼应。

你留意到园林中的建筑了吗？与住宅不同，园林建筑的观赏作用大于实际的使用。它既可作为观景点一览园景，也是园中重要的景观。

"花间隐榭，水际安亭"。花丛之中隐藏着名为榭的木屋，水边安放着一座小小的亭子。

四周粉白的围墙搭配黑灰色的瓦顶，漏窗*、空廊*、洞门*等取代了封闭的墙，墙内墙外没有清晰的界限，使游览者能够体会园林的空间变化之美。

★漏窗：窗洞内有漏空图案的窗。

★空廊：走廊两侧都是柱，没有实墙，可以在廊中观赏两面景色。

★洞门：墙上有洞而没有门扇，形状多样。

　　园中最大的建筑为厅、堂、轩，用于会客和生活起居，类似我们今天的客厅。楼、阁一般为两层建筑，修建于山水之间。临水面建造的房子称为榭、舫。榭一半修建于岸上，一半跨入水中。而舫则模仿船形，似乎随时能够起锚航行。

　　最常见的亭也最为通透和灵活，用于凭栏眺望，或坐憩于花草间。园中的景物和建筑多用廊串联起来，既是游玩的路径，又可划分不同的空间。

再看园中的花草树木，它们都是填补空白的元素，在疏密变化之间，让阳光穿透进来。小院里种着一株色、香、姿俱全的植物，适合近距离观赏。而假山、池水之间，又多用高大的落叶树和较矮的常绿树错落配植，苍莽青翠，仿若真山。

　　植物因四季而变化，为了避免单调，它们常常搭配种植在园中。你看！春天，枝头上的玉兰、丁香在角落散发淡淡香气；夏天的荷塘开满白色和粉色的荷花；红色的枫叶在秋季缓缓飘落；冬季苍翠的松柏中，探出一支蜡梅来。

　　江南园林的设计理念是千百年来工匠们在实践中感悟、摸索的成果。如果说有一个园林能将这些理念充分体现出来，首选便是位于苏州的拙政园了。

　　拙政园始建于16世纪初的明朝中叶，全园经过不同时代的建造和改造，最终分为东、中、西三园。中部是园内最主要的部分，山水明秀，建筑考究，是我国园林艺术的珍贵遗产。让我们跟随古人的视角，一起去感受一番吧。

古时，拙政园的入口位于中部住宅区后方的夹道处。穿过狭长的夹道，进入一扇小小的门，前方一座黄石假山立于当中，如同常规民居中的小景一般。

　　然而绕过假山和山后水池，形态舒展的远香堂及后方宽阔的山池便展现在眼前。狭小和宽阔的对比，有种进入桃花源的感觉，这也正是古人常用的"欲扬先抑"的对比方法。

步入园内的第一个厅堂便是远香堂，被山池林木环绕。

　　走进远香堂内部，四周长窗透空，观看四面景色犹如观赏长幅画卷。"荷风扑面，清香远逸"，远香堂便得名于此。远看堂四周种植着玉兰、芍药、梧桐树、枫树、杨树，春有花香，秋有红叶，四季都有可以观赏的美景。

出远香堂向西走，一座拱形廊桥架于平静的水面之上，名为小
飞虹。它将完整的水面分成大、小两部分。

　　而透过小飞虹，后方有亭榭，一眼不可望穿全园。层叠之间，
空间的层次感更加深远。

　　小飞虹北侧的亭子有个非常动听的名字——荷风四面亭。只听其名，仿佛就能闻到扑面而来的荷花香气。亭子的檐角高高翘起，除了纤细的柱子，再无多余墙体，轻盈得仿佛随时都能乘风飞起。

漫步到西花园，顺着院墙筑起一道长长的波形廊。波形廊临水而筑，上下起伏，和院墙之间形成一个个小院落，搭配植物、山石，花窗透影，给原本仅用来通行的廊道增加了许多可观赏和停留的场所，逛园子的时间延长了，园子也感觉大了许多。

雪香云蔚亭和北山亭藏在中后部的土山之上。土山朝向南的池岸错落，向北面种植芦苇。山间小路两侧竹丛、乔木相掩，很有山林的味道。

　　而下了土山，靠近围墙处建有梧竹幽居和海棠春坞。观者行经这一路，能够体会到热闹之后回归平静的心情变化。

　　站在梧竹幽居西望，荷风四面亭、别有洞天和倚玉轩点缀在山池之间，而站在围墙后方可以远望北山塔，这便是江南园林"远借"手法中的典范。远远的塔和山，在丰富画面的同时，也应了古代文人"志在高远"的审美情趣。

　　中国园林妙在含蓄和丰富。江南园林中的一山一石，耐人寻味。游览江南园林，除了假山、水池、建筑，其中的家具、匾额，甚至地面和漏窗的图案，都充满高雅的审美趣味。

细细品味，仿佛在和古人进行一场跨越千百年的对话。可能这也是在如今飞速发展的现代空间中，最容易和古人建立联系的场所了。

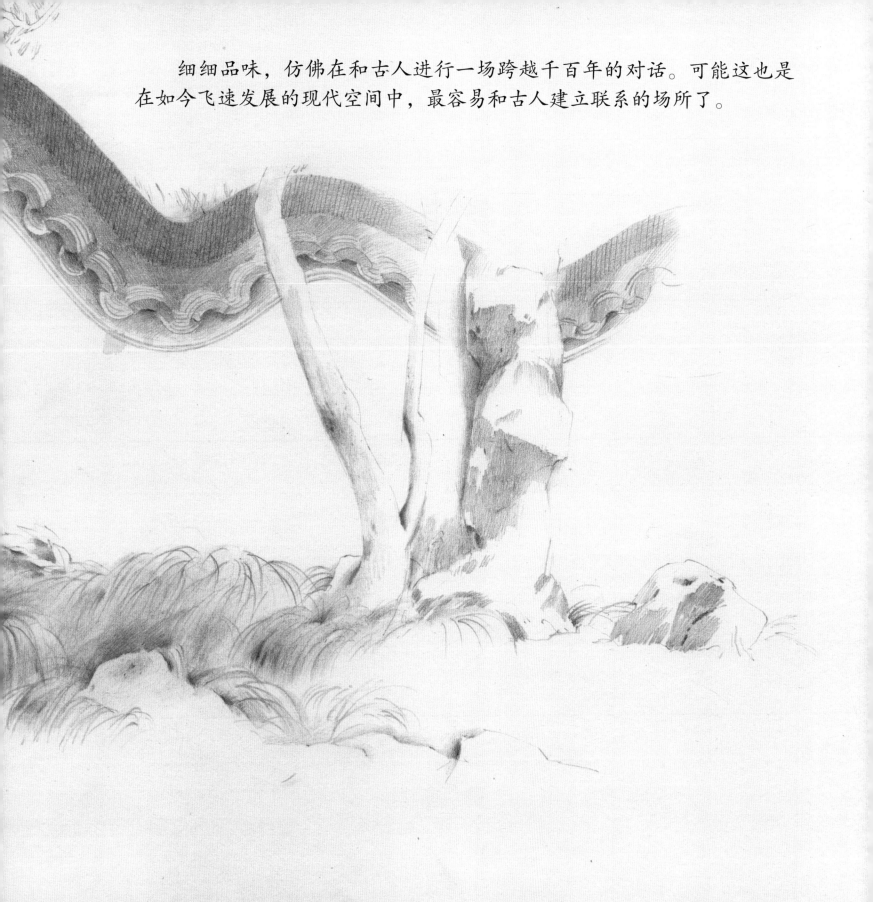

图书在版编目（CIP）数据

走进中国民居. 江南的园林 / 张怡著；梁灵惠绘. -- 北京：电子工业出版社，2023.1
ISBN 978-7-121-44605-4

Ⅰ.①走… Ⅱ.①张…②梁… Ⅲ.①古典园林－华东地区－少儿读物 Ⅳ.①TU241.5-49

中国版本图书馆CIP数据核字（2022）第226509号

责任编辑：朱思霖
印　　刷：北京瑞禾彩色印刷有限公司
装　　订：北京瑞禾彩色印刷有限公司
出版发行：电子工业出版社
　　　　　北京市海淀区万寿路173信箱　邮编：100036
开　　本：889×1194　1/16　印张：18　字数：46.2千字
版　　次：2023年1月第1版
印　　次：2023年4月第2次印刷
定　　价：168.00元（全6册）

凡所购买电子工业出版社图书有缺损问题，请向购买书店调换。若书店售缺，请与本社
发行部联系，联系及邮购电话：（010）88254888，88258888。
质量投诉请发邮件至zlts@phei.com.cn，盗版侵权举报请发邮件至dbqq@phei.com.cn。
本书咨询联系方式：（010）88254161转1859，zhusl@phei.com.cn。